Mohammad Nadeem Khan

Ética em ação: Um Manual para Comitês Institucionais de Ética Animal (IAEC)

Mohammad Nadeem Khan

Ética em ação: Um Manual para Comités Institucionais de Ética Animal (IAEC)

O seu kit de ferramentas da AICE

ScienciaScripts

Imprint

Cover image: www.ingimage.com

This book is a translation from the original published under ISBN 978-620-8-41539-6.

Publisher:
Sciencia Scripts
is a trademark of
Dodo Books Indian Ocean Ltd. and OmniScriptum S.R.L publishing group

120 High Road, East Finchley, London, N2 9ED, United Kingdom
Str. Armeneasca 28/1, office 1, Chisinau MD-2012, Republic of Moldova, Europe
Managing Directors: Ieva Konstantinova, Victoria Ursu
info@omniscriptum.com

Printed at: see last page
ISBN: 978-620-8-54004-3

Ética em ação: Um Manual para Comités Institucionais de Ética Animal (IAEC)

Mohammad Nadeem Khan

Prefácio

Dado que um número crescente de investigadores e instituições se dedicam a estudos com animais, a importância da supervisão ética nestes empreendimentos não pode ser exagerada. Este manual, "The Essential Guide to Animal Ethics: Governance and SOPs for Research Integrity," pretende servir como um recurso abrangente para os membros das Comissões Institucionais de Ética Animal (IAECs) e para os investigadores.

A motivação subjacente a este manual é simplificar as complexidades da governação e administração da ética animal, fornecendo diretrizes claras e procedimentos operacionais normalizados (PONs) que asseguram a conformidade com os regulamentos nacionais e internacionais. Compreendemos que navegar no panorama ético da investigação em animais pode ser um desafio e o nosso objetivo é capacitar os membros das comissões e os investigadores com os conhecimentos e as ferramentas necessárias para promover o tratamento e a utilização de animais de forma humana e responsável.

Ao compilarmos este guia, concentrámo-nos na clareza e acessibilidade, assegurando que é um recurso valioso tanto para membros experientes das AICEs como para aqueles que são novos no campo. O conteúdo foi concebido para ser direto, oferecendo ideias práticas e processos passo-a-passo para submissão de protocolos, revisão e monitorização contínua de actividades de investigação.

Esperamos que este manual não só informe, mas também inspire um compromisso com os mais elevados padrões éticos na investigação em animais. Ao dar prioridade ao bem-estar dos animais e ao aderir a práticas éticas, podemos contribuir para o avanço da ciência, mantendo a nossa responsabilidade moral para com as criaturas que partilham o nosso mundo.

Agradeço a todos os que contribuíram para o desenvolvimento deste manual. As vossas ideias e dedicação às práticas éticas de investigação foram inestimáveis.

Juntos, vamos garantir que a investigação em animais é efectuada com integridade, compaixão e respeito.

Mohammad Nadeem Khan

ÍNDICE

1. Introdução
1.1 Objetivo do Manual

Este manual, "Ethics in Action- A Handbook for Institutional Animal Ethics Committees" (Ética em Ação - Manual para Comissões Institucionais de Ética Animal), foi concebido para servir de guia abrangente para os membros das Comissões Institucionais de Ética Animal (IAEC) e investigadores envolvidos na investigação animal. Destaca o papel vital que a supervisão ética desempenha na garantia de um tratamento humano dos animais utilizados em estudos científicos e a importância de manter elevados padrões éticos nas práticas de investigação.

O principal objetivo deste manual é fornecer orientações práticas sobre a governação, administração e procedimentos operacionais padrão (SOPs) essenciais para o funcionamento eficaz da IAEC. Ao equipar os membros da comissão e os investigadores com as ferramentas e conhecimentos necessários, este manual visa promover uma cultura de responsabilidade ética e transparência na investigação animal.

1.2 Panorâmica da importância da supervisão ética na investigação em animais

A supervisão ética é uma pedra angular da investigação responsável em animais, garantindo que o bem-estar dos animais é prioritário e que as práticas de investigação respeitam as normas éticas estabelecidas. A utilização de animais na investigação coloca considerações morais e éticas significativas, incluindo a possibilidade de dor, sofrimento e angústia.

A supervisão ética pelas AICE ajuda a

Proteger o bem-estar dos animais Implementar medidas para minimizar os danos e maximizar o bem-estar.

Aumentar a validade científica Assegurar que as concepções de investigação são eticamente corretas melhora a fiabilidade e a validade dos resultados da investigação.
Manter a confiança do público O cumprimento de normas éticas na investigação fomenta a confiança do público na comunidade científica e no seu empenhamento em práticas humanas.

1.3 Objectivos do Manual

- Fornecer diretrizes claras e concisas aos membros da AICE relativamente às suas funções e responsabilidades.
- Descrever os procedimentos operacionais normalizados para a análise e o controlo dos protocolos de investigação.
- Promover a sensibilização e a educação éticas entre os investigadores envolvidos em estudos com animais.
- Facilitar o cumprimento da regulamentação nacional e internacional que rege a investigação animal.

1.4 Âmbito de aplicação

Membros dos Comités Institucionais de Ética Animal:- Indivíduos responsáveis pela supervisão das normas éticas na investigação animal.
Investigadores e investigadores: - As pessoas envolvidas em estudos que envolvem animais, que procuram orientação sobre práticas éticas.
Administradores institucionais: - Pessoal envolvido na administração de programas de investigação e na supervisão ética.

Este manual cobre uma série de tópicos relacionados com a governação e administração das AICE, incluindo

- A estrutura e as responsabilidades da AICE.
- Processos de revisão de protocolos e procedimentos operacionais normalizados (SOPs).
- Cumprimento de regulamentos e diretrizes éticas.
- Recursos para educação e formação em ética na investigação em animais.

- Ao abordar estas áreas, este manual pretende ser um recurso essencial para promover a conduta ética e a governação eficaz na investigação em animais.

2. Compreender a AICE

2.1 O que é a AICE?

A Comissão Institucional de Ética Animal (CEAI) é um órgão vital nas instituições de investigação, criado para supervisionar o tratamento ético dos animais utilizados na investigação científica e no ensino. O IAEC é crucial na promoção de práticas humanas e na garantia do cumprimento das normas legais e éticas. As suas principais funções incluem a revisão de protocolos de investigação, a monitorização de projectos em curso e a prestação de orientação aos investigadores sobre questões éticas relacionadas com o bem-estar dos animais.

Definição e função da AICE nas instituições de investigação

Definição: - A IAEC é um comité independente composto por indivíduos de várias áreas, incluindo cientistas, veterinários, especialistas em ética e leigos. Esta composição diversificada assegura uma perspetiva equilibrada do bem-estar animal e da ética na investigação.

Funções da AICE

Revisão dos protocolos de investigação

Avalia as propostas que envolvem a utilização de animais para garantir a validade científica e que os métodos minimizam os danos causados aos animais.

Monitorização do bem-estar dos animais

Supervisiona o cumprimento das diretrizes éticas, assegurando que os cuidados a ter com os animais estão em conformidade com as normas estabelecidas ao longo do processo de investigação

Educação e formação

Educa os investigadores e o pessoal sobre a utilização ética e o bem-estar dos animais, assegurando a compreensão das responsabilidades ao abrigo da legislação e das diretrizes relevantes

Papel consultivo

Fornece orientações sobre considerações éticas, métodos alternativos e melhores práticas na investigação em animais

Relatórios e manutenção de registos

Mantém registos pormenorizados dos protocolos apresentados, das análises e das actividades de acompanhamento para garantir a transparência e a responsabilização

2.2 Quadro jurídico e ético

A IAEC opera dentro de um quadro de diretrizes legais e éticas que regem o uso de animais em investigação. A compreensão desta estrutura é essencial para os membros do comité e investigadores navegarem nas complexidades da ética animal.

Violação das diretrizes e incumprimento

Se um membro do comité ou um investigador for considerado culpado de violação do CCSEA ou das orientações internacionais (OCDE, OMS), podem ser tomadas as seguintes medidas

Suspensão ou revogação da autorização para efetuar investigação em animais

Sanções institucionais, incluindo a retirada do financiamento da investigação

Ação judicial ao abrigo da **Lei de Prevenção da Crueldade contra os Animais, de 1960**, na Índia, e dos regulamentos internacionais, dependendo da jurisdição

Um cientista ou académico sénior com vasta experiência em ética na investigação, responsável pela supervisão das actividades da AICE e por assegurar a eficácia das reuniões

2.3 Panorâmica da regulamentação indiana pertinente (CCSEA)

Na Índia, o Committee for the Purpose of Control and Supervision of Experiments on Animals (CPCSEA), agora frequentemente referido como CCSEA (Comité de Controlo e Supervisão de Experiências em Animais), é o principal organismo regulador responsável pela supervisão da utilização ética de animais na investigação, funcionando sob a tutela do Ministério do Ambiente, das Florestas e das Alterações Climáticas. As principais diretrizes do CCSEA incluem: Eis uma visão geral do CCSEA e do seu papel na regulamentação da investigação em animais:

Comité de Controlo e Supervisão das Experiências com Animais (CCSEA)

1. Antecedentes

Criada ao abrigo da Lei de Prevenção da Crueldade contra os Animais, de 1960.

Funciona sob a tutela do Ministério das Pescas, da Pecuária e dos Produtos Lácteos, Governo da Índia

O CCSEA é responsável por garantir o cumprimento das diretrizes éticas para a investigação em animais e por promover práticas humanas.

2. Principais responsabilidades

Aprovação de protocolos de investigação: Avalia e aprova propostas de investigação que envolvam a utilização de animais, garantindo que cumprem as normas éticas e científicas.

Monitorização do bem-estar dos animais: - Supervisiona o tratamento dos animais em contextos de investigação para garantir que é dada prioridade ao seu bem-estar

Orientações e formação: - Fornece orientações e formação a instituições e investigadores sobre as melhores práticas em matéria de cuidados e ética com os animais

Inspeção: Realiza inspecções às instalações de investigação para garantir o cumprimento dos protocolos aprovados e das normas éticas.

Desenvolvimento de políticas: - Aconselha o governo sobre políticas e regulamentos relacionados com a utilização de animais em investigação na Índia,

Tratamento humano dos animais:- Assegurar que todos os animais são tratados com cuidado e respeito durante toda a sua vida.

Redução, substituição e aperfeiçoamento (3Rs):- Incentivar os investigadores a adotar o princípio dos 3Rs para minimizar a utilização e o sofrimento dos animais, incluindo a exploração de alternativas aos ensaios em animais sempre que possível.

Registo das instituições: - Todas as instituições que realizam investigação com animais devem registar-se no CCSEA e cumprir as orientações prescritas.

2.4 Introdução às normas mundiais (OMS, OCDE, ICLAS)

Várias organizações internacionais fornecem diretrizes para promover normas éticas na investigação em animais.

Organização Mundial de Saúde (OMS): Estabelece diretrizes éticas para a investigação biomédica, salientando a importância do bem-estar dos animais e a necessidade de processos de análise ética.

Organização para a Cooperação e Desenvolvimento Económico (OCDE): Fornece uma estrutura para boas práticas de laboratório (BPL) e promove regulamentos harmonizados para a utilização de animais em investigação nos países membros.

Conselho Internacional para a Ciência dos Animais de Laboratório (ICLAS): Trabalha para melhorar o bem-estar dos animais de laboratório e promover a sua utilização ética na investigação através da colaboração internacional e do desenvolvimento de melhores práticas.

Estes regulamentos e normas orientam coletivamente o trabalho da IAEC, assegurando que a investigação animal é conduzida de forma ética e responsável, protegendo tanto o bem-estar animal como a integridade científica.

3. Estrutura da AICE

3.1 Composição do Comité

O Comité Institucional de Ética Animal (IAEC) é composto por um grupo diversificado de indivíduos, cada um dos quais contribui com conhecimentos únicos para o comité. A composição típica inclui:

Elegibilidade, qualificação, qualificação desejável e experiência para os membros da AICE de acordo com a Ética Animal Indiana e as Diretrizes Globais

As Comissões Institucionais de Ética Animal (IAEC) desempenham um papel crucial na garantia da utilização ética dos animais na investigação, respeitando as normas éticas indianas e internacionais. A secção seguinte descreve a elegibilidade, as qualificações, as qualificações desejáveis e a experiência dos membros das CEAI de acordo com as orientações indianas (CCSEA) e mundiais (OMS, OCDE, ICLAS) em matéria de ética animal.

1. Presidente

Diretrizes indianas (CCSEA)

Elegibilidade: Cientista sénior ou académico com vasta experiência em investigação ou ética animal.

Qualificações: Deve ter formação em ciências da vida, ciências veterinárias ou ciências médicas, com experiência em ética na investigação.

Qualificações desejáveis

Competências de liderança para gerir análises éticas

Conhecimento das diretrizes, regulamentos e quadros éticos do CPCSEA.

Experiência: Pelo menos 10 anos de experiência num domínio relevante, como a ética na investigação, os cuidados a prestar aos animais ou a gestão de laboratórios.

Diretrizes globais (OMS, OCDE, ICLAS)

Qualificações: Um perito reconhecido em investigação ética envolvendo animais.

Experiência: Deve ter experiência no cumprimento de normas internacionais, como as Boas Práticas de Laboratório (BPL) da OCDE e as normas éticas da OMS para a investigação biomédica que envolve animais.

2. Membro Secretário

Diretrizes indianas (CCSEA)

Elegibilidade: Académico ou investigador sénior com conhecimentos de ética na investigação em animais.

Qualificação: Uma pessoa com qualificações científicas ou administrativas, responsável pelo funcionamento quotidiano da AICE.

Qualificações desejáveis:

Familiaridade com as normas éticas e a conformidade institucional

Competências administrativas para tratar da apresentação de protocolos e manter registos

Experiência: Pelo menos 5 anos de experiência em administração, cuidados com animais ou investigação

Diretrizes globais (OMS, OCDE, ICLAS)

Qualificações: Um profissional com experiência em ética animal ou administração de investigação.

Experiência: Deve ter experiência na gestão de colaborações internacionais de investigação, seguindo os regulamentos da OCDE, ICLAS e OMS

3. Veterinário

Diretrizes indianas (CCSEA)

Elegibilidade: Veterinário registado, de preferência com especialização em medicina de animais de laboratório.

Qualificações: Possuir uma licenciatura em ciências veterinárias (BVSc) ou uma qualificação superior.

Qualificações desejáveis

Certificação em bem-estar animal ou ciência dos animais de laboratório

Conhecimentos especializados em técnicas cirúrgicas, cuidados e gestão de animais

Experiência:- Mínimo de 5 anos de experiência em prática veterinária ou no tratamento de animais em instalações de investigação.

Diretrizes globais (OMS, OCDE, ICLAS)

Qualificações: Um profissional veterinário com experiência no tratamento de animais de investigação, respeitando as normas da OMS e da OCDE para animais de laboratório.

Experiência: Deve ter trabalhado em contextos internacionais em que são praticadas BPL ou normas éticas semelhantes.

4. Cientistas/investigadores

Diretrizes indianas (CCSEA)

Elegibilidade: Cientistas de diversas disciplinas com experiência em investigação animal.

Qualificações: Mestrado ou doutoramento em ciências da vida, investigação biomédica ou farmacologia.

Qualificações desejáveis

Conhecimento profundo dos protocolos de investigação em animais e das considerações éticas.

Deve promover o **princípio dos 3Rs (Substituição, Redução e Refinamento)**

Experiência:- Experiência mínima de 5 anos de investigação em modelos animais.

Diretrizes globais (OMS, OCDE, ICLAS):

Qualificações:-Deve ter experiência de investigação com publicações internacionais, respeitando normas éticas como as BPL da OCDE.

Experiência:- Deve ter experiência de trabalho em laboratórios que seguem as normas ICLAS ou da OMS para a investigação ética em animais.

5. Membros leigos

Diretrizes indianas (CCSEA)

Elegibilidade: - Pessoas singulares não filiadas na instituição, que representem o interesse público no domínio do bem-estar dos animais.

Qualificações: Deve ter uma compreensão geral do bem-estar dos animais e da ética.

Qualificações desejáveis

Interesse pelos direitos, bem-estar ou questões éticas dos animais

Capacidade de introduzir uma perspetiva social mais ampla nas decisões das comissões

Experiência:- Não é necessária experiência específica, mas o envolvimento em organizações de serviço público ou de defesa dos direitos dos animais é benéfico.

Diretrizes globais (OMS, OCDE, ICLAS)

Qualificação:- Uma pessoa que represente o interesse público ou comunitário na utilização ética dos animais.

Experiência: É desejável a participação prévia em organizações de proteção dos animais ou de bioética.

6. Nomeação da CCSEA (obrigatória para os comités indianos)

Diretrizes indianas (CCSEA)

Elegibilidade:- Um representante nomeado pela CCSEA, assegurando o cumprimento das diretrizes indianas.

Qualificações: Conhecer bem os regulamentos da CCSEA e a Lei de Prevenção da Crueldade contra os Animais, de 1960.

Qualificações desejáveis

Forte conhecimento dos quadros jurídicos indianos em matéria de investigação animal

Capacidade para supervisionar e assegurar o cumprimento das diretrizes da CCSEA

Experiência:- Mínimo de 5 anos em funções de supervisão regulamentar, ética ou jurídica envolvendo investigação em animais.

Diretrizes globais (não aplicáveis em contextos internacionais, exceto se forem nomeados responsáveis regionais pela conformidade)

3.2 Funções e responsabilidades dos membros da AICE

1. **Presidente**:
   - **Função**: O presidente dirige a AICE e é responsável por supervisionar o funcionamento do comité.
   - **Responsabilidades**:
     - Facilitar as reuniões e assegurar que as discussões são ordenadas e produtivas.
     - Orientar o processo de revisão de propostas de investigação e considerações éticas.
     - Representar o comité nas comunicações com as autoridades institucionais e as partes interessadas externas.
     - Assegurar o cumprimento das leis e regulamentos relevantes que regem a investigação em animais.
2. **Membros científicos**:
   - **Função**: Estes membros possuem conhecimentos especializados em domínios científicos relevantes e são cruciais para avaliar a validade científica das propostas de investigação.
   - **Responsabilidades**:

- Avaliar a necessidade e o mérito científico da investigação que envolve animais.
- Apresentar recomendações sobre a conceção da investigação para garantir a utilização ética dos animais.
- Ajudar a avaliar o impacto potencial da investigação proposta no bem-estar dos animais e assegurar que são consideradas alternativas à utilização de animais, quando aplicável.

3. **Membros leigos**:
   - **Função**: Os membros leigos são indivíduos sem conhecimentos especializados em investigação animal, representando a perspetiva e as preocupações do público.
   - **Responsabilidades**:
     - Fornecer informações sobre os valores da comunidade e considerações éticas relativas à utilização de animais na investigação.
     - Assegurar que as decisões do comité reflectem as expectativas da sociedade e as normas éticas.
     - Defender o bem-estar dos animais e ajudar a responder às preocupações do público relativamente às práticas de investigação.
4. **CCSEA Nomeado**:
   - **Função**: O nomeado representa o Comité para efeitos de controlo e supervisão das experiências com animais (CPCSEA) na AICE.
   - **Responsabilidades**:
     - Assegurar o cumprimento da regulamentação e das diretrizes nacionais em matéria de investigação animal.
     - Fornecer orientações sobre normas éticas e de bem-estar, de acordo com as diretivas da CPCSEA.
     - Facilitar a comunicação entre a AICE e o CPCSEA, informando sobre as actividades e decisões do comité.
5. **Membros internos**:
   - **Função**: Os membros internos são tipicamente docentes ou funcionários da instituição onde a AICE está sediada.
   - **Responsabilidades**:
     - Contribuir para os debates e a tomada de decisões com base no seu conhecimento das políticas e práticas institucionais.
     - Assegurar que as actividades do comité estão em conformidade com a missão e os valores da instituição.
     - Facilitar a aplicação das políticas e recomendações da AICE no seio da instituição.
6.

3.3 Reuniões e tomada de decisões

Frequência das reuniões

A AICE reúne-se normalmente trimestralmente para rever protocolos e discutir projectos em curso. A frequência das reuniões pode aumentar durante os períodos de investigação mais intensos ou quando surgem questões urgentes.

Processos de tomada de decisão

A AICE segue uma abordagem consensual na sua tomada de decisões.

Os principais passos incluem:- A utilização de um sistema de gestão de riscos

Apresentação de protocolos

Os investigadores apresentam protocolos de investigação pormenorizados que descrevem a fundamentação do estudo, os métodos e as considerações éticas.

Revisão inicial

O Secretário dos Membros efectua uma análise inicial para garantir que as candidaturas estão completas.

Revisão do Comité

Os protocolos são discutidos durante as reuniões da AICE, com avaliação dos aspectos científicos e éticos.

Tomada de decisões

O comité vota para aprovar, solicitar modificações ou rejeitar o protocolo com base em considerações éticas, no bem-estar dos animais e no mérito científico.

Notificação

Os investigadores são informados da decisão do comité e de quaisquer condições de aprovação ou alterações necessárias.

Esta abordagem estruturada garante uma avaliação exaustiva e o cumprimento de normas éticas.

4. Responsabilidades da AICE

O Comité Institucional de Ética Animal (IAEC) desempenha um papel crucial na manutenção das normas éticas na investigação em animais, assegurando o alinhamento com os regulamentos indianos e internacionais, tais como as diretrizes CCSEA na Índia e as normas globais estabelecidas por organizações como a Organização Mundial de Saúde (OMS) e a Organização para a Cooperação e Desenvolvimento Económico (OCDE).

4.1 Revisão do protocolo

A IAEC é responsável por analisar minuciosamente os protocolos de investigação que envolvem animais para garantir que cumprem as normas éticas, científicas e de bem-estar. Este processo inclui:

- **Apresentação e revisão:** Os investigadores submetem protocolos que detalham os objectivos do estudo, métodos, utilização de animais e considerações éticas. A IAEC examina cada protocolo para verificar a conformidade com as diretrizes do Committee for the Control and Supervision of Experiments on Animals (CCSEA), assegurando o tratamento humano dos animais e a validade científica do estudo.
- **Critérios de avaliação:** Os protocolos são analisados com base em considerações éticas, bem-estar animal e conformidade regulamentar, orientados pelas normas da CCSEA. A IAEC também aplica diretrizes internacionais, como as da OMS, para melhores práticas globais.
- **Tomada de decisões:** A IAEC aprova, solicita modificações ou rejeita protocolos, assegurando que o estudo se alinha com o princípio dos 3Rs: Substituição, Redução e Refinamento.

4.2 Acompanhamento e inspeção

A IAEC monitoriza continuamente os estudos aprovados para verificar o cumprimento contínuo das normas éticas ao longo da investigação.

Inspecções do local: Inspecções regulares das instalações de tratamento de animais para avaliar o alojamento, os cuidados veterinários e a adesão aos protocolos de estudo aprovados. Estas são realizadas de acordo com os regulamentos da CPCSEA para inspecções de rotina das instalações.

- **Monitorização do bem-estar animal:** A IAEC avalia e documenta o bem-estar dos animais ao longo do estudo, assegurando que os protocolos de tratamento humano são seguidos de forma consistente.
- **Procedimentos de incumprimento:** Nos casos de incumprimento ético, a AICE aplica medidas corretivas de acordo com as regras do CPCSEA,

que podem incluir a interrupção do estudo até que as questões sejam resolvidas.

4.3 Educação e formação

Para promover uma cultura de responsabilidade ética, a AIEC organiza programas e recursos educativos para investigadores e pessoal:

- **Programas de formação:** São realizados workshops e sessões de formação regulares sobre os regulamentos da CPCSEA, práticas de bem-estar animal e requisitos de conformidade. A AICE pode também fazer referência às diretrizes da OCDE para normas internacionais de investigação.
- **Materiais de orientação:** O acesso a diretrizes, materiais de boas práticas e actualizações regulamentares garante que os investigadores compreendem as suas responsabilidades e as implicações éticas da investigação em animais.
- **Promoção do Princípio dos 3Rs:** A IAEC encoraja a adoção de métodos alternativos sempre que possível, assegurando o cumprimento de normas éticas através da promoção da Substituição, Redução e Refinamento da utilização de animais.

<u>Modelo de fluxo de trabalho da CEI para a experimentação animal</u>

Etapa 1: Apresentação do protocolo

- **O Investigador/Principal Investigador (PI)** submete o protocolo experimental ao IAEC para revisão, incluindo toda a documentação necessária (por exemplo, objectivos, metodologias e justificação para a utilização de animais).

Etapa 2: Revisão inicial

- **Os membros da AICE** efectuam uma revisão inicial do protocolo para avaliar
  - Considerações éticas e cumprimento das diretrizes do CPCSEA.
  - Validade científica e necessidade da utilização de animais.
  - Aderência aos 3Rs (Substituição, Redução, Refinamento).

Etapa 3: Feedback e modificações

- Se forem necessárias alterações:

- **A AICE comunica o feedback** ao IP, detalhando as alterações necessárias ou informações adicionais.
- **O IP revê o protocolo** com base no feedback e volta a apresentá-lo para nova análise.

Etapa 4: Notificação de aprovação

- Uma vez aprovado:
  - **A IAEC notifica o IP** e o local de investigação sobre a aprovação do protocolo.
  - Fornecer orientações sobre os próximos passos para a apresentação final ao CPCSEA.

Etapa 5: Apresentação final ao CPCSEA

- **A AICE assiste o/a** IR na preparação da apresentação final ao CPCSEA, garantindo:
  - Todos os documentos exigidos estão completos e corretos.
  - Orientações sobre o processo de apresentação em linha, incluindo instruções de **pagamento por cheque.**
- **O PI submete o protocolo final** ao CPCSEA através do portal em linha designado para o efeito.

Etapa 6: Controlo da conformidade e do bem-estar

- **A IAEC agenda visitas aos locais** para monitorizar a conformidade com o protocolo aprovado e as práticas de bem-estar animal:
  - Rever as condições de alojamento dos animais, os cuidados e os procedimentos de manuseamento.
  - Observar as experiências em curso para garantir o cumprimento das normas éticas.

Etapa 7: Emissão da notificação de aprovação final

- Após a **aprovação final do CPCSEA**:
  - **A PI informa a AICE** da aprovação e envia uma cópia da carta de aprovação final.
  - **A IAEC actualiza os registos** e arquiva a documentação de aprovação de forma adequada.

Etapa 8: Supervisão e auditorias contínuas

- **A AICE efectua revisões e auditorias periódicas** dos projectos em curso para garantir a conformidade:

- Avaliar quaisquer desvios ao protocolo aprovado.
- Tratar prontamente quaisquer questões relacionadas com o bem-estar dos animais ou com preocupações éticas.

Etapa 9: Formação e educação

- **A IAEC organiza sessões de formação** para investigadores e pessoal envolvido na investigação animal:
  - Incidência em práticas éticas, conformidade e bem-estar dos animais.
  - Partilhar actualizações sobre regulamentos, orientações e melhores práticas.

Passo 10: Tratamento de queixas e incumprimentos

- Estabelecer um **mecanismo de queixa** para comunicar preocupações relacionadas com o bem-estar dos animais ou com violações éticas.
- **A AICE investiga os relatórios** de não conformidade e implementa acções corretivas, se necessário.

Etapa 11: Documentação e manutenção de registos

- Manter **registos exaustivos** de todos os protocolos, aprovações, actividades de monitorização e correspondência com o CPCSEA e os centros de investigação.
- Assegurar que os registos estão acessíveis para as inspecções regulamentares.

Etapa 12: Melhoria contínua

- **Solicitar reacções** dos investigadores e das partes interessadas sobre os processos da AICE.
- Manter-se informado sobre as mudanças nos regulamentos e normas éticas para aperfeiçoar as operações e protocolos da AIEC.

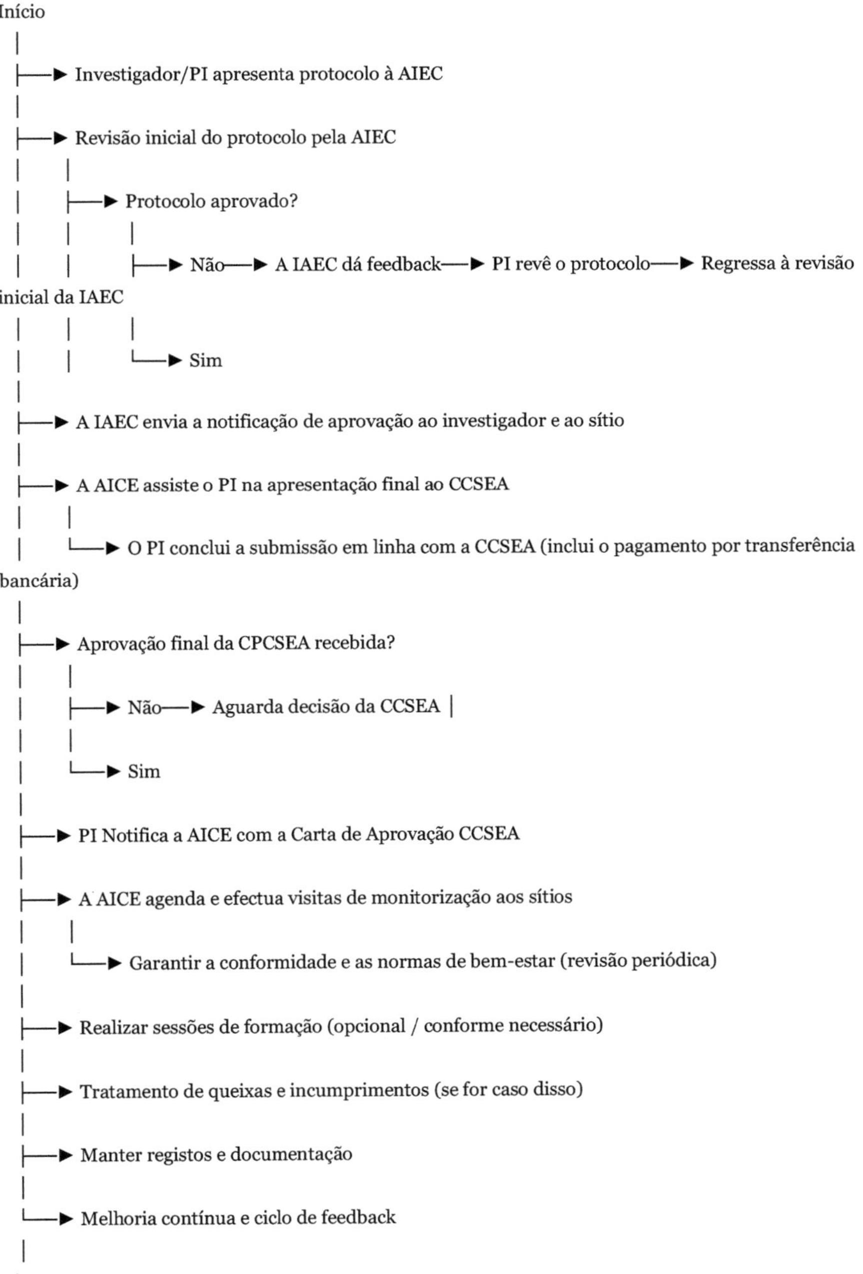
Início
Investigador/PI apresenta protocolo à AIEC
Revisão inicial do protocolo pela AIEC
Protocolo aprovado?
Não
A IAEC dá feedback
PI revê o protocolo
Regressa à revisão inicial da IAEC
Sim
A IAEC envia a notificação de aprovação ao investigador e ao sítio
A AICE assiste o PI na apresentação final ao CCSEA
O PI conclui a submissão em linha com a CCSEA (inclui o pagamento por transferência bancária)
Aprovação final da CPCSEA recebida?
Não
Aguarda decisão da CCSEA
Sim
PI Notifica a AICE com a Carta de Aprovação CCSEA
A AICE agenda e efectua visitas de monitorização aos sítios
Garantir a conformidade e as normas de bem-estar (revisão periódica)
Realizar sessões de formação (opcional / conforme necessário)
Tratamento de queixas e incumprimentos (se for caso disso)
Manter registos e documentação
Melhoria contínua e ciclo de feedback
Fim

Fluxograma de trabalho da CEI para a experimentação animal

5: Procedimentos Operacionais Normalizados (SOP) da IAEC

5.1 Introdução aos PONs da AICE

O Comité Institucional de Ética Animal (IAEC) funciona de acordo com os **Procedimentos Operacionais Normalizados (SOPs)** estabelecidos para fornecer um quadro estruturado para a supervisão ética da investigação animal. Estes PONs orientam as actividades do comité e garantem o cumprimento das normas legais, éticas e científicas.

5.2 Importância dos PONs na AICE

- **Coerência**: Os PONs asseguram uma abordagem coerente na análise das propostas de investigação e na monitorização do bem-estar dos animais. Esta uniformidade ajuda a manter elevados padrões éticos em todas as actividades de investigação que envolvem animais.
- **Transparência**: Os procedimentos documentados promovem a transparência nos processos de tomada de decisão, permitindo aos interessados compreender a lógica subjacente às acções da AICE.
- **Responsabilidade**: Os PONs estabelecem funções e responsabilidades claras para os membros e investigadores da IAEC, facilitando a responsabilização na gestão da investigação animal.
- **Conformidade regulamentar**: Os PONs asseguram a conformidade com os regulamentos nacionais e internacionais, tais como os estabelecidos pelo Comité para efeitos de controlo e supervisão das experiências com animais (CPCSEA) na Índia.
- **Bem-estar dos animais**: Ao delinear procedimentos para monitorizar o bem-estar dos animais e abordar a não conformidade, os PONs desempenham um papel fundamental na salvaguarda do bem-estar dos animais utilizados na investigação.

5.3 Componentes principais dos PONs da AICE

1. **Apresentação de protocolos de investigação**:
   - Orientações para os investigadores sobre como preparar e apresentar protocolos de investigação para análise da AICE.
   - Documentação necessária, incluindo objectivos, metodologia, pormenores sobre as espécies e condições de alojamento.
2. **Processo de revisão**:
   - Descrição dos tipos de revisões (revisão completa do comité vs. revisão acelerada) e dos critérios utilizados para a avaliação.
   - Cronograma das revisões e comunicação das reacções aos investigadores.
3. **Monitorização do bem-estar dos animais**:
   - Procedimentos para a avaliação de rotina da saúde dos animais e responsabilidades dos investigadores e do pessoal veterinário.
   - Implementação de parâmetros humanos para minimizar o sofrimento.
4. **Manutenção de registos**:
   - Requisitos para documentar todas as actividades da AICE, incluindo submissões, aprovações e relatórios de monitorização.
   - Políticas de segurança dos dados e períodos de retenção.
5. **Procedimentos de não-conformidade**:
   - Definições e consequências do incumprimento dos protocolos aprovados.
   - Processos de investigação e de recurso para resolver casos de incumprimento.
6. **Formação e educação**:
   - Requisitos para a formação de investigadores e membros da AICE em matéria de normas éticas e de bem-estar dos animais.
   - Iniciativas de formação contínua para manter as partes interessadas informadas sobre as melhores práticas.

5.4 O papel dos PONs da AICE

- **Supervisão ética**: Os PON da IAEC fornecem o enquadramento para a supervisão ética da investigação animal, assegurando que todos os estudos propostos são cientificamente justificados e eticamente sólidos.
- **Gestão dos riscos**: Ao estabelecer procedimentos de monitorização e tratamento de eventos adversos, os PONs ajudam a gerir os riscos associados à investigação em animais.
- **Melhorar a qualidade da investigação**: O processo de revisão descrito nos PONs contribui para a qualidade e integridade globais da investigação científica, garantindo que os estudos são concebidos de forma a minimizar a utilização e o sofrimento dos animais.
- **Envolvimento das partes interessadas**: Os PONs facilitam a comunicação com os investigadores, os organismos reguladores e o público, promovendo a sensibilização e a compreensão das práticas éticas na investigação em animais.

6. Cumprimento dos actos e regulamentos do Comité Institucional de Ética Animal (IAEC)

A Comissão Institucional de Ética Animal (IAEC) está mandatada para garantir que toda a investigação que envolva animais seja realizada de acordo com as leis, regulamentos e diretrizes éticas aplicáveis. Esta secção descreve os procedimentos para alcançar a conformidade com estes enquadramentos legais, centrando-se principalmente nas diretrizes **do Committee for the Purpose of Control and Supervision of Experiments on Animals (CPCSEA)** na Índia e noutros regulamentos nacionais e internacionais relevantes.

6.1 Leis e regulamentos aplicáveis

- **Diretrizes da CCSEA**: Estas diretrizes regem a utilização de animais em investigação na Índia, estabelecendo normas para o bem-estar dos animais, alojamento, cuidados e práticas experimentais.
- **Lei sobre o bem-estar dos animais**: Garante que os animais utilizados na investigação são tratados com humanidade e que é dada prioridade ao seu bem-estar.
- **Políticas locais e institucionais**: Conformidade com as leis locais e políticas institucionais relacionadas com a investigação em animais, que podem ter requisitos adicionais para além dos regulamentos nacionais.

6.2. Procedimentos de conformidade

Apresentação de protocolos

- **Protocolos de investigação**: Toda a investigação que envolva animais deve ser submetida à AICE para análise e aprovação antes de ser iniciada. Os protocolos devem detalhar os objectivos, metodologias e justificação para a utilização de animais.
- **Documentação**: Os investigadores devem apresentar todos os documentos necessários, incluindo diretrizes relativas aos cuidados e à utilização de animais, para demonstrar a conformidade com a CPCSEA e outros regulamentos relevantes.

Processo de revisão

- **Revisão inicial**: A IAEC efectua uma revisão exaustiva de todos os protocolos submetidos para avaliar a sua conformidade com as normas éticas e os requisitos legais.

- **Pedidos de Modificação**: Se um protocolo não cumprir as normas de conformidade, a IAEC comunicará as modificações necessárias a o investigador, que deverá resolver estas questões antes de o voltar a submeter.

Controlo e supervisão

Monitorização contínua da conformidade

- A AICE efectua um acompanhamento regular dos projectos de investigação aprovados para garantir o cumprimento dos protocolos aprovados e das normas legais.
- **Visitas aos locais**: O comité pode efetuar visitas aos locais para observar as práticas de cuidados com os animais e de investigação em ação.

Relatórios e documentação

- **Comunicação de incidentes**: Os investigadores devem comunicar imediatamente à CEI quaisquer incidentes ou acontecimentos adversos relacionados com o bem-estar dos animais ou com desvios aos protocolos aprovados.
- **Manutenção de registos**: Devem ser mantidos registos precisos de todas as actividades de investigação animal, incluindo a criação, os procedimentos experimentais e as avaliações do bem-estar animal, que devem ser disponibilizados para análise pela IAEC.

6.3 Procedimentos de não-conformidade

Identificação de não-conformidade

- As situações de incumprimento podem incluir alterações não autorizadas aos protocolos de investigação, a não comunicação de acontecimentos adversos ou cuidados inadequados com os animais.
- Os incumprimentos podem ser identificados através de auditorias, relatórios de investigadores ou observações durante as actividades de monitorização.

Processo de investigação

- A CEI dará início a uma investigação sobre o incumprimento comunicado, incluindo a recolha de provas e a realização de entrevistas ao pessoal relevante.
- A investigação tem por objetivo determinar a causa do incumprimento e avaliar o impacto no bem-estar dos animais e na integridade da investigação.

Consequências do incumprimento

- **Advertências e suspensões**: A CEI pode emitir advertências ou suspender temporariamente as actividades de investigação enquanto aguarda a resolução de questões de conformidade.
- **Revogação da aprovação**: Em casos de incumprimento grave, a IAEC pode revogar a aprovação do protocolo de investigação, impedindo a continuação da utilização de animais.
- **Comunicação às autoridades**: As violações graves podem ser comunicadas às autoridades reguladoras para que sejam tomadas medidas adicionais de acordo com a legislação aplicável.

Formação e sensibilização

- A AICE proporcionará programas de formação aos investigadores e ao pessoal sobre o cumprimento das normas legais e éticas relacionadas com a investigação em animais.
- Serão realizados workshops e seminários regulares para atualizar as partes interessadas sobre as alterações à regulamentação e as melhores práticas na investigação em animais.

Revisão e atualização dos procedimentos de conformidade

- Os procedimentos de conformidade serão periodicamente revistos e actualizados para se alinharem com as mudanças na legislação e os avanços nos padrões éticos.
- Será solicitada a reação dos investigadores e das partes interessadas para melhorar continuamente as práticas de conformidade.

6.4 Orientações dos regulamentos

Diretrizes indianas

Resumo das diretrizes e requisitos da CCSEA para registo e conformidade

Comité para efeitos de controlo e supervisão das experiências com animais (CCSEA):

Criado ao abrigo da Lei de Prevenção da Crueldade contra os Animais, de 1960, o CCSEA supervisiona a utilização ética de animais na investigação e no ensino na Índia.

Principais diretrizes da CCSEA:

Registo das instituições:

Todas as instituições de investigação que utilizem animais para fins científicos devem estar registadas no CCSEA.

As instituições devem demonstrar o cumprimento das diretrizes e das normas éticas da CCSEA.

Utilização de animais:

Os protocolos de investigação devem justificar a necessidade de utilizar animais, assegurando que foram consideradas alternativas (3Rs: Replacement, Reduction, and Refinement).

Bem-estar dos animais:

Os animais devem ser alojados em condições humanas, com cuidados, alimentação e apoio veterinário adequados.

O controlo e a comunicação regulares da saúde e do bem-estar dos animais são obrigatórios.

Formação e competência:

O pessoal envolvido no tratamento e utilização de animais deve ser adequadamente formado e qualificado.

Conformidade e controlo:

O CPCSEA efectua inspecções e avaliações das instituições registadas para garantir o cumprimento das orientações.

O incumprimento pode dar origem a sanções, incluindo a suspensão das actividades de investigação.

Diretrizes internacionais

Pontos-chave da OMS e da OCDE sobre a ética e o bem-estar dos animais na investigação

Organização Mundial de Saúde (OMS):

Processos de revisão ética:

A OMS salienta a importância dos mecanismos de análise ética da investigação em animais para garantir um tratamento humano?

Diretrizes para a investigação biomédica:

A investigação que envolve animais deve ser cientificamente justificada, minimizando o sofrimento e a angústia.

Responsabilidade pública:

Os investigadores devem comunicar os resultados de forma transparente, contribuindo para o conhecimento global das práticas éticas.

Organização para a Cooperação e Desenvolvimento Económico (OCDE):

Boas Práticas de Laboratório (BPL):

A OCDE promove os princípios das BPL para garantir a qualidade e a fiabilidade da investigação em animais.

Diretrizes para o tratamento e utilização de animais:

Os países são encorajados a adotar regulamentos harmonizados para garantir a consistência dos padrões éticos a nível global.

Avaliação dos riscos:

Ênfase na avaliação dos riscos para o bem-estar dos animais e na aplicação de medidas para atenuar os danos.

Conselho Internacional de Ciência de Animais de Laboratório (ICLAS):

Colaboração e melhores práticas:

O ICLAS promove a colaboração internacional para melhorar o bem-estar dos animais na investigação e divulgar as melhores práticas.

7. Recursos e apoio

7.1 Oportunidades de formação

Informações sobre os programas de formação disponíveis para investigadores e membros do comité

Programas de Formação Institucional:

Workshops e seminários regulares organizados pela IAEC para educar os investigadores sobre normas éticas, bem-estar animal e conformidade regulamentar.

Recursos externos de formação:

Colaboração com organizações como:

CCSEA: Oferece sessões de formação sobre ética animal e práticas de bem-estar.

ICLAS: Dá acesso a módulos e recursos de formação internacionais.

Cursos online:

Várias plataformas em linha oferecem cursos relacionados com a ciência dos animais de laboratório, a ética e as práticas de investigação animal sem crueldade.

7.2 Contactos úteis

Lista de Autoridades Reguladoras Relevantes, Conselhos de Revisão Ética e Organizações de Apoio

Autoridades reguladoras indianas:

Comité de Controlo e Supervisão das Experiências com Animais (CCSEA)

Sítio Web: CCSEA

Ministério do Ambiente, das Florestas e das Alterações Climáticas
Organizações internacionais:

Organização Mundial de Saúde (OMS)
Sítio Web: OMS
Organização para a Cooperação e Desenvolvimento Económico (OCDE)
Sítio Web: OCDE
Conselho Internacional de Ciência de Animais de Laboratório (ICLAS)
Sítio Web: ICLAS

Conselhos de Ética:

Lista dos conselhos de ética locais e nacionais pertinentes para a investigação em animais para consulta dos investigadores.

8. Apêndices

8.1 Exemplos de formulários e modelos

1. Formulário de apresentação de protocolo

Secção	Detalhes
Título do estudo	[Inserir título do estudo].
Investigador principal	[Inserir nome e informações de contacto].
Co-investigadores	[Inserir nomes e informações de contacto].
Objectivos	[Descrever os principais objectivos do estudo].
Metodologia	[Descrição pormenorizada dos métodos, incluindo as espécies animais, o número de animais e quaisquer procedimentos experimentais]
Considerações éticas	[Descrever como são abordadas as questões éticas, incluindo as medidas de alívio da dor e a justificação para a utilização de animais]
Fonte de financiamento	[Identificar o organismo de financiamento, se aplicável]
Resultados esperados	[Descrever sucintamente os resultados previstos e os benefícios potenciais]
Assinatura do Investigador	[Assinatura]
Data	[Inserir data]

Diretrizes:

- Conformidade com as diretrizes do Committee for the Purpose of Control and Supervision of Experiments on Animals (CPCSEA)^[1].
- Adesão aos princípios das diretrizes éticas da Organização Mundial de Saúde (OMS) para a investigação que envolve animais^[2].

---

2. Lista de controlo da inspeção

Critérios	Sim/Não	Comentários
Condições de alojamento		[Descrever as condições de alojamento e eventuais preocupações].
Cuidados com os animais		[Os animais estão a ser tratados de forma adequada?]
Conformidade com o protocolo aprovado		[A investigação é efectuada de acordo com o protocolo?]
Disponibilidade de cuidados veterinários		[Há um veterinário no local?]
Enriquecimento ambiental		[Os animais dispõem de um enriquecimento?]
Manutenção de registos		[Os registos são mantidos com exatidão?]
Formação do pessoal		[O pessoal recebeu formação em matéria de bem-estar dos animais?]
Procedimentos de emergência		[Existem protocolos de emergência em vigor?]

Diretrizes:

- Critérios de inspeção baseados nos mandatos da CPCSEA para o alojamento e tratamento dos animais^[1].
- Alinhar-se com as normas de análise ética estabelecidas pela Organização de Cooperação e de Desenvolvimento Económicos (OCDE)^[3].

---

3. Registos de formação

Título da sessão de formação	Data	Tópicos abordados	Participantes	Feedback
[Inserir título da formação].	[Inserir data]	[Lista de tópicos discutidos].	[Listar nomes]	[Resumir o feedback].
[Inserir título da formação].	[Inserir data]	[Lista de tópicos discutidos].	[Listar nomes]	[Resumir o feedback].
[Inserir título da formação].	[Inserir data]	[Lista de tópicos discutidos].	[Listar nomes]	[Resumir o feedback].

Diretrizes:

- A formação deve estar em conformidade com as recomendações da CPCSEA para a formação do pessoal envolvido na investigação em animais^[1].
- Considerar as orientações da OMS e da OCDE sobre a formação e o ensino da ética na investigação^[2][3].

---

4. Formulário de procedimento de formação

Título da sessão de formação	Data	Duração	Formadores	Participantes	Tópicos abordados	Objectivos	Feedback
[Inserir título da formação].	[Inserir data]	[Inserir duração].	[Lista dos nomes dos formadores].	[Lista dos nomes dos participantes].	[Lista de tópicos discutidos].	[Especificar os resultados de aprendizagem].	[Resumir o feedback].

Diretrizes:

- Toda a formação deve respeitar as diretrizes da CPCSEA para a formação do pessoal no domínio do tratamento ético dos animais^[1].
- Incluir sessões sobre os princípios dos 3Rs (Substituição, Redução, Refinamento) de acordo com as recomendações da OMS^[2].

Linha do tempo:

- **Pré-formação**: Notificar os participantes 2 semanas antes, fornecer materiais de pré-leitura.
- **Dia de formação**: Realizar a formação, recolher feedback.
- **Pós-formação**: Emitir certificados no prazo de uma semana após a conclusão da formação.

---

5. Lista de controlo experimental

Critérios	Sim/Não	Comentários	Linha do tempo
Protocolo aprovado		[Número de referência do protocolo].	Antes do início da experiência
Controlos de bem-estar animal concluídos		[Data dos controlos].	Diariamente ao longo da experiência
Calibração de equipamentos		[Data de calibração]	Antes da utilização
Condições de alojamento adequadas		[Verificar a conformidade da habitação].	Inspeção semanal
Revisão dos procedimentos de emergência		[Data de revisão]	Antes do início da experiência
Apoio veterinário		[Dados de contacto do veterinário].	Antes do início da experiência
Estabelecimento de um plano de cuidados pós-experimentação		[Descrever o plano].	Antes do fim da experiência
Protocolo de eliminação estabelecido		[Descrever os procedimentos de eliminação].	Antes do início da experiência

Diretrizes:

- Os itens da lista de controlo baseiam-se nas normas CPCSEA e nas boas práticas de laboratório da OCDE^[1][3].

Linha do tempo:

- **Aprovação do protocolo**: Deve ser obtida antes do início da experiência.
- **Controlos diários do bem-estar**: Documentar diariamente a duração da experiência.
- **Inspecções semanais**: Realizar e documentar inspecções todas as semanas.

---

6. Formulário de eliminação

Descrição do artigo	Quantidade	Método de eliminação	Data de eliminação	Pessoa responsável	Referência de conformidade
[Inserir descrição do artigo].	[Inserir Qtd.]	[Por exemplo, incineração, autoclavagem].	[Inserir data]	[Nome da pessoa responsável].	[Referência às diretrizes de eliminação].

Diretrizes:

- Os métodos de eliminação devem cumprir as diretrizes da CPCSEA e quaisquer regulamentos locais relevantes sobre a eliminação de resíduos perigosos^[1][2].

Linha do tempo:

- **Eliminação imediata**: Após a conclusão da experiência, os resíduos devem ser eliminados imediatamente ou no prazo de 24 horas, de acordo com os protocolos institucionais.
- **Revisão mensal**: Rever mensalmente os registos de eliminação para garantir a conformidade.

Modelo de formulário pormenorizado para a **eliminação ou morte de animais**, que inclui diretrizes relevantes para a conformidade. Este modelo pode ajudar a garantir que o processo de eliminação de animais é conduzido de forma ética e em conformidade com os requisitos regulamentares

---

7. Formulário de modelo de eliminação ou morte de animais

Identificação de animais	Espécies	Número de identificação	Data de falecimento	Motivo da morte	Método de eliminação	Data de eliminação	Pessoa responsável	Referência de conformidade
[Inserir o nome da espécie].	[Inserir espécie].	[Inserir número de identificação].	[Inserir data]	[Por exemplo, eutanásia, causas naturais, etc.].	[Por exemplo, incineração, autoclavagem, enterramento].	[Inserir data]	[Nome da pessoa responsável].	[Referência às diretrizes de eliminação].

Instruções do modelo:

1. **Identificação de animais:**
   - Preencher com a espécie e o número de identificação único do animal.
2. **Data de extinção:**
   - Registar a data exacta em que o animal foi encontrado morto ou em que foi realizada a eutanásia.
3. **Motivo da morte:**
   - Especificar a causa da morte, que pode ser natural, eutanásia por razões éticas ou qualquer outra explicação relevante.
4. **Método de eliminação:**
   - Descrever pormenorizadamente o método utilizado para a eliminação, assegurando a sua conformidade com as diretrizes relevantes.
5. **Data de eliminação:**
   - Indicar quando é que a eliminação foi concluída.
6. **Pessoa responsável:**
   - Identificar a pessoa responsável pela supervisão do processo de eliminação.
7. **Referência de conformidade:**
   - Incluir referências às diretrizes seguidas, tais como o CPCSEA ou as políticas institucionais.

Diretrizes para o cumprimento

- **Diretrizes da CPCSEA**: Todos os métodos de eliminação devem respeitar as normas da CPCSEA relativas ao tratamento humano e à eliminação de animais de laboratório^[1].
- **Regulamentação local**: Assegurar que os métodos de eliminação cumprem os regulamentos ambientais locais relativos à gestão de resíduos perigosos^[2].

8. Formulário de comunicação de não-conformidade

Formulário de comunicação de não-conformidade

Data do relatório	[Inserir data]
Indivíduo que efectua o relatório	[Nome e cargo].
Descrição do incumprimento	[Descrição pormenorizada do incidente].
Violação de protocolo/orientação	[Citar as diretrizes relevantes].
Acções imediatas tomadas	[Enumerar eventuais medidas corretivas imediatas].
Acções de acompanhamento necessárias	[Delinear acções para evitar a recorrência].
Relatório apresentado a	[Nome do Comité/Pessoa].

9. Formulário de decisão de revisão ética

Formulário de decisão de revisão ética

Título do protocolo	[Inserir título].
Data de revisão	[Inserir data]
Decisão	[Aprovado/Modificação necessária/Rejeitado]
Comentários	[Reacções específicas dos membros do comité].
Próximos passos	[Descrever o que o investigador deve fazer a seguir].
Assinaturas dos membros do	[Assinaturas dos membros da AICE].

Título do protocolo	**[Inserir título].**
comité	

Diretrizes de utilização

- **Personalização**: Cada formulário pode ser personalizado para satisfazer as necessidades e requisitos específicos da IAEC da sua instituição.
- **Referências de conformidade**: Considere a possibilidade de acrescentar referências às diretrizes ou regulamentos éticos relevantes como notas de rodapé em cada formulário para garantir o cumprimento das normas.

Estes modelos ajudarão a facilitar a transparência, a responsabilização e as boas práticas éticas no âmbito da AIEC.

8.4 Referências

1. Conselho Nacional de Investigação. (2011). *Guia para o cuidado e utilização de animais de laboratório* (8ª ed.). National Academies Press.ISBN: 978-0-309-15401-4DOI: 10.17226/5140
2. Rudacille, D. (2011). *A facilidade de acesso: Animal welfare in the 21st century*. Yale University Press.SBN: 978-0-300-15220-3
3. Smith, J. A., & Jones, R. B. (2018). *Ética na investigação animal: Um guia prático*. Imprensa académica, ISBN: 978-0-12-812384-9

4. Smith, M. A., & Lee, C. R. (2020). Questões éticas na utilização de animais para investigação: Perspectivas da comunidade científica. *Jornal de Ética Médica*, 46(8), 528-534.DOI: 10.1136/medethics-2019-105949
5. Thorne, C., & Mares, D. (2019). Avanços na ciência do bem-estar animal: Implications for research and education. *Animal Welfare*, 28(1), 1-12.DOI: 10.7120/09627286.28.1.001
6. Hubrecht, R. C., & Thorpe, H. (2018). A importância dos ambientes sociais para o bem-estar dos animais de laboratório. *Jornal de Ciência Animal*, 96(2), 585-591.DOI: 10.1093/jas/sky010

Diretrizes e regulamentos

7. Ministério do Ambiente, das Florestas e das Alterações Climáticas, Governo da Índia. (2019). *Lei de Prevenção da Crueldade contra os Animais, 1960*.
   - Disponível em: https://www.cpcsea.nic.in/
8. Organização Mundial de Saúde. (2020). *Diretrizes sobre questões éticas na investigação em saúde pública*.
   - Disponível em: https://www.who.int/publications/i/item/9789241547562
9. Organização para a Cooperação e Desenvolvimento Económico. (2018). *Documento de orientação da OCDE sobre boas práticas de laboratório*.
   - Disponível em: https://www.oecd.org/env/ehs/testing/GLP.pdf

10. ICLAS. (2019). Diretrizes internacionais para a utilização ética de animais na investigação biomédica.

    Disponível em: https://iclas.org/

11. Diretrizes CPCSEA: Ministério do Ambiente, das Florestas e das Alterações Climáticas. (2018). https://www.cpcsea.nic.in/
12. Lei de Prevenção da Crueldade contra os Animais, 1960: https://www.indiacode.nic.in/bitstream/123456789/15425/1/196059.pdf
13. Diretrizes da OCDE sobre Boas Práticas de Laboratório (BPL): Organização para a Cooperação e Desenvolvimento Económico. (1998). https://www.oecd.org/chemicalsafety/testing/
14. Diretrizes da OMS para a utilização de animais em investigação: Organização Mundial de Saúde. (2011). https://www.who.int/ethics/research/en/
15. Diretrizes do ICLAS: Conselho Internacional para a Ciência dos Animais de Laboratório. (2016). http://iclas.org/Chairperson:
16. Governo da Índia. (2010). *Diretrizes para o cuidado e utilização de animais na investigação científica*. Comité de Controlo e Supervisão das Experiências com Animais (CCSEA). Ligação para as Diretrizes do CCSEA.
17. Organização Mundial da Saúde. (2010). *Diretrizes para a análise ética da investigação que envolve animais*. Ligação para as Diretrizes da OMS.

18. Organização para a Cooperação e Desenvolvimento Económico. (2016). *Documento de orientação da OCDE sobre o reconhecimento do bem-estar dos animais.* Ligação para as orientações da OCDE.

9. Resumo

9.1 Resumo do papel da AICE

O Comité Institucional de Ética Animal (IAEC) é a pedra angular do quadro ético que rege a investigação e o ensino em animais. A sua principal responsabilidade é garantir que todos os estudos que envolvem animais cumprem as normas éticas e os requisitos regulamentares estabelecidos, desempenhando assim um papel fundamental na salvaguarda do bem-estar dos animais. A importância deste comité não pode ser exagerada, uma vez que actua como uma ponte crucial entre o avanço científico e a responsabilidade ética.

A função principal da IAEC é rever os protocolos de investigação que envolvem a utilização de animais. Este processo é fundamental para avaliar o mérito científico dos estudos propostos, assegurando simultaneamente que o bem-estar dos animais é prioritário. Cada protocolo apresentado ao comité é submetido a um exame meticuloso relativamente aos seus objectivos, metodologia e implicações éticas. Este processo de revisão abrangente ajuda a identificar potenciais problemas antes do início da investigação, acabando por promover uma cultura de responsabilidade ética no seio da comunidade científica.

A composição da IAEC é deliberadamente diversa, incorporando indivíduos de várias disciplinas, incluindo cientistas, veterinários, especialistas em ética e leigos. Esta diversidade assegura que múltiplas perspectivas são consideradas ao avaliar as implicações éticas dos protocolos de investigação. Os cientistas trazem os seus conhecimentos em domínios específicos, permitindo avaliações informadas do mérito científico dos estudos propostos. Os veterinários contribuem com os seus conhecimentos sobre os cuidados e o bem-estar dos animais, fornecendo informações cruciais sobre as considerações éticas que envolvem a utilização de animais. Os especialistas em ética lidam com as complexidades morais inerentes à investigação em animais, assegurando que os princípios éticos são respeitados durante todo o processo de revisão. Por último, os leigos representam os interesses e preocupações do público, assegurando que as decisões do comité reflectem os valores sociais relativos ao bem-estar dos animais.

Para além da revisão dos protocolos, a AICE é também responsável pelo acompanhamento contínuo dos projectos de investigação. Esta monitorização é vital para garantir a conformidade com os padrões éticos ao longo da duração dos estudos. A comissão realiza inspecções regulares às instalações para animais e aos locais de investigação, avaliando o alojamento dos animais, os cuidados e a adesão aos protocolos aprovados. Esta supervisão não só salvaguarda o bem-estar dos animais, como também promove a transparência e a responsabilidade nas instituições de investigação.

Além disso, a IAEC desempenha um papel crucial na educação dos investigadores e do pessoal sobre a utilização ética e o bem-estar dos animais. Através de workshops, sessões de formação e da disseminação de diretrizes em , a comissão promove um ambiente de consciência ética. Os investigadores são encorajados a utilizar estes recursos para melhorar a sua compreensão das práticas responsáveis de investigação animal. Esta abordagem proactiva à educação ajuda a criar uma cultura de ética nas instituições, reforçando a importância de aderir às diretrizes e regulamentos estabelecidos.

9.2 Incentivar as práticas éticas

Para promover ainda mais as práticas éticas na investigação com animais, é essencial que todas as partes interessadas - incluindo investigadores, educadores e administradores institucionais - dêem prioridade ao bem-estar dos animais. As práticas éticas de investigação devem ser vistas não apenas como requisitos regulamentares, mas como princípios fundamentais que orientam a comunidade científica. Esta mudança de perspetiva necessita de um compromisso coletivo para defender a dignidade e o bem-estar dos animais envolvidos na investigação.

Um dos princípios fundamentais que orientam a investigação em animais é o dos 3Rs: Substituição, Redução e Refinamento. Os investigadores são encorajados a explorar alternativas aos ensaios em animais sempre que possível (Substituição), a minimizar o número de animais utilizados nos estudos (Redução) e a melhorar o bem-estar dos animais através do aperfeiçoamento das técnicas experimentais (Refinamento). A adoção destes princípios não é apenas uma questão de cumprimento; é um imperativo ético que reflecte um compromisso com práticas de investigação humanas.

A AICE pode facilitar este compromisso fornecendo apoio e recursos contínuos aos investigadores. Sessões regulares de formação e workshops focados nos últimos avanços em metodologias de investigação humana podem equipar os investigadores com as ferramentas de que necessitam para conduzir o seu trabalho de forma ética. Adicionalmente, a promoção de canais de comunicação abertos entre investigadores e a AICE pode ajudar a abordar preocupações éticas de forma proactiva e não reactiva.

Além disso, a importância da transparência ética não pode ser exagerada. Os investigadores devem ser encorajados a publicar os seus resultados de uma forma que realce as considerações éticas e as práticas de bem-estar dos animais. Esta transparência não só fomenta a confiança do público, como também incentiva outros investigadores a adoptarem práticas éticas semelhantes. Ao partilhar experiências e lições aprendidas, a comunidade científica pode, coletivamente, fazer avançar as normas de ética na investigação em animais.

Em última análise, a IAEC deve manter-se vigilante na sua missão de promover a investigação ética em animais. medida que os avanços científicos continuam a evoluir, os quadros éticos que regem a investigação animal devem também adaptar-se. A IAEC deve rever regularmente as suas políticas e procedimentos para assegurar o alinhamento com as práticas científicas actuais e as expectativas da sociedade. O envolvimento com padrões globais e a participação em discussões internacionais sobre ética na investigação animal podem aumentar a eficácia da comissão.

Em conclusão, o papel da IAEC na promoção de práticas éticas na investigação animal é crucial tanto para o bem-estar animal como para a integridade científica. Ao fomentar uma cultura de consciencialização ética, encorajar a adesão aos 3Rs e promover a transparência, a IAEC pode contribuir significativamente para o avanço das práticas de investigação sem crueldade. O compromisso de todas as partes interessadas em dar prioridade às considerações éticas conduzirá, em última análise, a melhores resultados para os animais e para a investigação científica como um todo. Através de esforços colectivos, podemos assegurar que a procura de conhecimento não se faz à custa do bem-estar animal, e que as práticas éticas permanecem na vanguarda da investigação animal.

Printed by Books on Demand GmbH, Norderstedt / Germany